FRANÇOIS JOLLIVET-CASTELOT

CHIMISTE

MEMBRE DE LA SOCIÉTÉ CHIMIQUE DU NORD DE LA FRANCE

ET DE LA

SOCIÉTÉ ASTRONOMIQUE DE FRANCE

Influence de la Lumière Zodiacale

SUR LES SAISONS

ET SUR LA

VARIATION D'ÉCLAT DES ÉTOILES

THÉORIE NOUVELLE

Honorée d'un Rapport de M. Ph. GÉRIGNY, secrétaire de la Société Astronomique, inséré au Bulletin, année 1893

LILLE

IMPRIMERIE TYPOGRAPHIQUE ET LITHOGRAPHIQUE LE BIGOT FRÈRES

68, rue Nationale et rue Nicolas-Leblanc, 25

1894

FRANÇOIS JOLLIVET-CASTELOT

CHIMISTE

MEMBRE DE LA SOCIÉTÉ CHIMIQUE DU NORD DE LA FRANCE

ET DE LA

SOCIÉTÉ ASTRONOMIQUE DE FRANCE

Influence de la Lumière Zodiacale

SUR LES SAISONS

ET SUR LA

VARIATION D'ÉCLAT DES ÉTOILES

THÉORIE NOUVELLE

Honorée d'un Rapport de M. Ph. GÉRIGNY, secrétaire de la Société Astronomique, inséré au Bulletin, année 1893

LILLE

IMPRIMERIE TYPOGRAPHIQUE ET LITHOGRAPHIQUE LE BIGOT FRÈRES

68, rue Nationale et rue Nicolas-Leblanc, 25

1894

Cette étude est dédiée à ma bien chère Mère.

Influence de la Lumière Zodiacale

SUR LES SAISONS

ET SUR LA

VARIATION D'ÉCLAT DES ÉTOILES

THÉORIE NOUVELLE

PAR

François JOLLIVET-CASTELOT (Mac-Iwnard)

CHIMISTE

MEMBRE DE LA SOCIÉTÉ CHIMIQUE DU NORD DE LA FRANCE

ET DE LA SOCIÉTÉ ASTRONOMIQUE DE FRANCE

Théorie honorée d'un rapport de M. Philippe GÉRIGNY, secrétaire de la Société Astronomique

Inséré dans le Bulletin, année 1893

Les grands froids apparaissent-ils tous les dix ans ?

C'est le problème à l'ordre du jour, il est étudié de toutes parts.

On a remarqué des périodes décennales, notamment 1800, 1810, 1830, 1840, 1860, 1870, 1880, 1890 ; conséquemment on a supposé une périodicité dans la température.

Mais il ne faut pas être absolu.

Sans doute, c'est mon opinion, il y a une périodicité dans tous les phénomènes physiques : tremblements de terre, tempêtes, volcans, froids, chaleurs, aurores boréales, variations d'éclat d'étoiles, taches solaires, etc...., périodicité causée d'abord par des impulsions puissantes qui nous sont encore inconnues, puis par les actions de la Lune, du Soleil dans certaines positions périodiques (les taches solaires ont sûrement une influence sur les étés); par les actions du magnétisme, de l'électricité.

Ces phénomènes physiques doivent être mécaniques et par là même périodiques, c'est-à-dire calculables.

Voilà du moins ma croyance; les causes que j'ai émises plus haut sont celles qui me paraissent le plus logique.

Mais je laisse cependant une latitude à ces phénomènes.

Ainsi pour la périodicité des hivers, je la crois être entre 10 et 15 ans.

Ce rapport s'aperçoit beaucoup plus fréquemment alors; il n'y a qu'à parcourir les tables des saisons pour s'en convaincre.

D'ailleurs la postérité se chargera de vérifier ces nombres. On découvrira certainement les causes productrices des effets observés.

Peut-être la lumière zodiacale subit-elle elle-même une périodicité dans sa croissance et sa décroissance.

Cette périodicité expliquerait celle des hivers et des étés.

En effet, la Lumière Zodiacale est constituée par des molécules indépendantes les unes des autres et qui obéissent par conséquent à l'universelle loi de l'Attraction.

La Terre est entièrement plongée dans la bande de Lumière Zodiacale, ainsi que Mercure et Vénus.

La chaleur du Soleil est causée par la chute dans son atmosphère de quelques-unes de ces molécules qui se volatilisent dans la photosphère et entretiennent ainsi la chaleur solaire.

Cette chute n'a besoin que de se réduire à quelques molécules par an, augmentées de celle des bolides et étoiles filantes, pour conserver une grande chaleur, la chaleur ordinaire du Soleil.

Ne se pourrait-il pas dès lors que, tous les 10 ou 15 ans, il se produise une chute plus considérable dans le Soleil, provoquée par l'attraction plus forte à ce moment, par un plus vif dégagement d'électricité et par bien d'autres causes encore?

Le Soleil, en ce cas, émettrait plus de chaleur, conséquemment chaufferait davantage le globe terrestre et amènerait donc des « étés plus chauds. »

Pour la périodicité des hivers, il suffit d'imaginer l'action contraire : « le décroissement de la chute des molécules de la Lumière Zodiacale »; il tombe tous les 10 ou 15 ans un peu moins de matières dans le Soleil. Par là, diminution momentanée de chaleur sur la sphère terrestre ; conséquence : « hivers plus froids. »

Je le répète, ce qui est nécessaire pour augmenter ou diminuer la chaleur solaire est insignifiant, si l'on admet comme cause d'entretien decette chaleur solaire les corps de la Lumière Zodiacale.

La théorie de la condensation primitive de chaleur dans le Soleil n'est plus guère soutenable ; les astronomes admettent unanimement presque l'action de la Lumière Zodiacale.

Il faut admettre, dans la théorie de la condensation primitive de chaleur, une température originaire par trop exagérée, et pour moi, les radiations calorifiques en arriveraient rapidement à un état de force préjudiciable à la vie sur notre Terre et sur les autres planètes de ce système.

Je sais que je vais ici à l'encontre des idées de l'illustre astronome Camille Flammarion, et ce m'est un vrai chagrin, car j'éprouve pour lui — qui, par ses ouvrages délicieux et profonds, me donna une irrésistible passion pour l'Astronomie — une admiration sans bornes et l'affection d'un disciple pour son maître.

Mais les opinions scientifiques doivent être diverses, pour que de leur discussion jaillisse la

Vérité, et je suis donc consolé en songeant que Flammarion aime avant tout la franchise complète et la confiance — mesurée — en ses forces.

L'hypothèse que j'émets est absolument personnelle. Je ne l'ai vue donnée nulle part.

Cette croissance et cette décroissance peuvent être subites ou progressives ; l'observation assidue seule est capable d'éclairer ce point ; les météorologistes seraient très utiles en étudiant à fond ces phénomènes.

On a remarqué qu'à la suite d'hivers très froids surviennent des étés très chauds (ordinairement, pas toujours).

Est-ce que la décroissance serait. en six mois, suivie d'une hausse ? Ce ne serait point impossible.

Je sais bien que le froid, de même que la chaleur, peut venir de notre planète même ; cependant le Soleil doit intervenir et je ne vois guère que l'explication susdonnée réellement acceptable.

Il est d'ailleurs remarquable que lors des grands étés et lors des grands hivers, la température de saison se fait sentir sur une grande partie du globe, mais pas sur « tout le globe. »

Cela ne détruit en rien mon hypothèse ; ce n'est point une objection, car la Terre se présente diversement au Soleil, par suite de ses mouvements ;

il n'est donc nullement nécessaire que le froid ou la chaleur s'étende partout.

Il serait curieux d'obtenir la théorie mathématique de ce que j'avance ; il me semble que, en tout cas, la résolution de ce problème peut se faire en grande partie par l'observation physique.

Comme je l'ai dit déjà, les météorologistes rendraient de grands services s'ils s'occupaient attentivement des saisons.

Je ne veux nullement dire que je suis dans le vrai, dans l'absolument vrai ; j'ai simplement établi la question selon mes vues et mes opinions ; la question me paraît sous ce jour plus satisfaisante et plus probable que sous d'autres.

Ma théorie a besoin, pour être jugée, de la grande éliminatrice: l'Expérience, sans laquelle, rien n'est réellement scientifique.

Si on venait à reconnaître — ce que je ne crois pas et ce qui m'étonnerait fort — que les hivers ne sont pas périodiques, du moins dans une certaine mesure, ma théorie n'en survivrait pas moins.

Il se peut parfaitement, en effet, que les chutes de la Lumière Zodiacale se produisent sous des actions, sous des causes sinon variées, du moins variables.

J'avoue, du reste, qu'il est très difficile, pour ne pas dire impossible, d'admettre le hasard dans la venue des saisons.

La Nature suit les règles mathématiques dans ses phénomènes multiples, minéraux et vitaux ; le hasard n'est qu'un vain mot ; les sciences sont basées sur des règles invariables ; l'Univers-vivant est déterminé par des Lois ; s'il n'en était point ainsi, il serait parfaitement inutile de poursuivre et de rechercher la Vérité.

Les phénomènes électriques jouent évidemment un grand rôle dans la marche des saisons et le mécanisme zodiacal ; des actions électro-chimiques, c'est-à-dire essentiellement attractives et répulsives se produisent, mais je ne puis les étudier ici à aucun point de vue ; cela m'entraînerait trop loin ; mes travaux sur ce sujet et sur la grande question de la Matière sont condensés en un volume, que je ferai prochainement paraître et qui jettera quelque lumière sur la constitution de l'Univers : *La Vie et l'Ame de la Matière* ; essai de Physiologie chimique ; études de Dynamo-chimie.

*
* *

On sait que les Planètes ont une grande action sur la lumière zodiacale.

Ce sont même elles qui déterminent les chutes de corpuscules de cette lumière dans le Soleil, ou du moins qui y contribuent pour une très grande part.

Par conséquent, il faudrait observer, et ce serait bien simple, si les grands étés ne surviennent pas au moment où les planètes — surtout Jupiter — sont le plus proches du Soleil.

Je dis surtout Jupiter parce que cette planète est la plus importante de beaucoup de tout notre système et que, en conséquence, c'est elle qui produit le plus de chutes de corpuscules de la Lumière zodiacale dans le Soleil.

Si l'on remarquait l'arrivée des forts étés vers le périhélie de Jupiter — c'est-à-dire justement, dans une période calculée — ma théorie serait prouvée d'une façon ce me semble probante.

D'ailleurs, il se pourrait très bien que la périodicité des étés ne concorde pas avec le périhélie de Jupiter pour différentes raisons. Néanmoins les idées émises précédemment ne seraient pas fausses pour cela.

Il faudrait aussi observer si les hivers rigoureux ne surviennent pas lors environ de l'élongation de Jupiter et des autres planètes, ou plus justement lors de leur moyenne d'élongation, comme plus haut, pour les étés, lors de leur moyenne de périhélie. Car il est nécessaire de considérer, non pas l'action d'une des planètes, mais de toutes, en tenant compte surtout de la plus forte, c'est-à-dire de Jupiter.

On reconnaîtrait alors, dans ce cas, une période quelconque d'années que je ne puis calculer faute d'éléments et de formules à moi connus.

Le fait s'expliquerait ainsi : (pour les hivers) l'attraction moyenne des planètes agirait sur les corpuscules de la Lumière zodiacale, les perturberait et retarderait leur chute dans l'atmosphère volatilisante du Soleil et par là causerait une diminution de conflagration synonyme de chaleur.

La réciproque serait l'énonciation de la loi des grands étés.

Je sais que les causes que j'imagine ne suffisent pas à expliquer complètement les saisons à cause de l'influence des courants aériens, de l'atmosphère et de sa composition, mais elles peuvent du moins servir à leur explication dans une grande part.

La théorie de l'influence de la lumière zodiacale sur les saisons s'explique par de simples oscillations pareilles à celles que subissent les autres corps dans l'Espace. Pourquoi faire exception pour les corpuscules de la Lumière Zodiacale qui sont indépendants les uns des autres? (Liais : l'Espace Céleste).

Ces oscillations causées par l'Attraction du Soleil et des planètes doivent exister ; les lois de la Nature n'ont pas d'exception ; la Mécanique céleste le demande.

Cette chute de corpuscules augmentée de celle des bolides, étoiles filantes, aérolithes, explique parfaitement une recrudescence de chaleur (étés rigoureux). Retardée pour les causes émises, les hivers très froids s'imposent.

*
* *

Influence de la Lumière Zodiacale sur la Variation d'éclat des Etoiles

Ma théorie ne pourrait-elle servir à la résolution du problème tant cherché des étoiles temporaires, à éclat périodique, des étoiles variables?

On a tenté de l'expliquer par des conflagrations à la surface de ces astres; ces conflagrations nécessairement épouvantables sont pour le moins bizarres, et aussi — pour ne pas dire plus — hypothétiques que ma théorie à ce sujet.

Supposons que, ce que Emm. Liais a admis — les étoiles ou des étoiles soient entourées comme notre soleil d'une nébuleuse zodiacale.

Les éclats variables observés sur ces astres (étoiles variables) peuvent dès lors provenir d'une très grande abondance de chute de corpuscules à leur surface; conséquence: éclat vif durant un temps proportionnel au nombre des corpuscules.

Que, contrairement, l'attraction des planètes sur les corpuscules et des corpuscules entre eux — attraction.qui peut être très puissante si les planètes et les corps de la Lumière sont plus volumineux que ceux de notre système — que contrairement donc, l'attraction soit cause d'une excessive décroissance de chute, ou même d'un arrêt complet de chute, la conséquence obligatoire est : « une déperdition de lumière proportionnelle à la décroissance de chute dans l'astre, » déperdition qui peut être suffisante pour dérober à nos yeux la vue de l'étoile pendant une période fixe et donc calculable.

Diminution périodique de l'éclat stellaire, en effet, si le phénomène que j'imagine est lui-même périodique. On a constaté que l'éclat de ces étoiles temporaires variait parfois brusquement. Ou bien l'étoile disparaissait, ou bien survenait un arrêt et une recrudescence de lumière arrivait graduellement.

Ces observations confirment étonnamment ma théorie.

J'ai dit quelques pages plus haut que la décroissance de chute pouvait être suivie en peu de temps d'une hausse. Eh bien, un décroissement lumineux dans les étranges astres temporaires est souvent suivi d'une hausse et inversement.

En somme donc, le problème posé depuis si

longtemps au sujet de l'origine de la variation
d'éclat de certaines étoiles, reçoit une nouvelle solu-
tion plus rationnelle que la plupart de celles tentées
jusqu'à présent. On peut expliquer de même l'appa-
rition subite d'astres dans les constellations, astres
qui s'évanouissent non moins subitement.

Ma théorie trouve sa confirmation dans les expé-
riences récentes des astronomes physiciens.

J'enregistre avec satisfaction la remarque sui-
vante mentionnée particulièrement dans un ouvrage
de G. A. Hirn: « La Constitution de l'Espace Céleste. »

« Quelques astronomes ont déjà vu le diamètre
du Soleil augmenter et diminuer. »

Eh bien, cette observation tout à fait impartiale
concorde entièrement avec les idées que j'ai sou-
tenues. En effet, cet agrandissement, puis cette
diminution du diamètre solaire doivent être produits
par un accroissement ou un décroissement de
chutes de molécules de la Lumière zodiacale dans
le Soleil. Je ne vois du moins aucun autre mode
d'explication.

Une autre confirmation de mon hypothèse est
renfermée dans l'histoire géologique de la Terre.
On sait que notre planète a traversé tout à la fin
de l'époque tertiaire, peut-être même au commen-

cement de la quaternaire, un âge d'une certaine durée pendant lequel la glace la recouvrait presque entière.

Or, il me paraît difficile de donner une explition logique et nette de ce cataclysme récent autrement qu'en l'attribuant au Soleil lui-même. Si le Soleil a varié dans sa radiation, j'attribue à la lumière zodiacale ces modifications passagères.

Je sais très bien que les paléontologistes inclinent à attribuer cet événement aux propriétés terrestres seules : courants spéciaux, abaissement de température intérieure, disposition particulière et passagère de l'atmosphère, développement des cercles polaires, etc..., mais je me permettrai de faire remarquer que le Soleil est le régisseur de tous les phénomènes du système et que se passer de son influence ressemble, à s'y méprendre, à un non sens.

Toujours est-il que sans aucun principe arrêté, préconçu, de l'étude raisonnée des faits, je tire cette conclusion :

Le Soleil est, a été entouré d'une vaste ceinture de particules zodiacaux, solides, astéroides, formés probablement lors du développement nébulosique et détachés d'un anneau gazeux; de plus, cette ceinture augmente continuellement de petits corps attirés vers le Soleil par l'Attraction. Et ce sont ces corpuscules qui, à un moment donné, cédant à la Force de Gravitation, tombent sur l'étoile selon les lois mécaniques voulues, se volatilisent dans la photosphère et transforment en chaleur la force vive dont ils étaient animés. Je ferai remarquer à nouveau qu'un nombre très restreint de corpuscules suffit à maintenir le statu quo solaire ; une légère diminution de chute suffirait donc pour amener des résultats anormaux.

Une troisième confirmation de mes idées se trouve dans l'ouvrage du Père Secchi sur l'Astre radieux, p. 209 et suivantes du tome II, où sont examinés les nombres trouvés par divers savants à propos de la mesure du diamètre horizontal et vertical. L'auteur italien admet parfaitement des variations possibles qu'il attribue à des mouvements de l'enveloppe chromosphérique. Les valeurs trouvées par les astronomes sont très écartées parfois l'une de l'autre (voir loc. cit. p. 211).

Secchi termine ainsi son étude, et sa conclusion sera la mienne : « Rien ne prouve la parfaite invariabilité du diamètre solaire ; au contraire, l'observation est favorable à des variations séculaires de ses dimensions et à des variations à courte période. Les régions des facules et des taches paraissent être principalement sujettes à ces variations. La figure rigoureusement sphérique du Soleil n'est pas bien

certaine ; des irrégularités paraissent assez bien cons-
tatées aux époques et dans les régions des maxima
d'agitation photosphérique. »

Je ne saurais trop, en terminant, appeler l'atten-
tion des astronomes et des chimistes sur les beaux
problèmes de la périodicité des Saisons — de la
variation d'éclat des étoiles — de la constitution
de la Lumière zodiacale. Outre l'intérêt pratique
qui s'attache à ces sujets, de telles études, en nous
transportant dans l'Infini de l'Espace. mettent déjà
notre âme en communication avec ses patries
futures...

« Il y a plusieurs demeures dans la Maison de
mon Père. »

(Ce mémoire a été composé durant l'année 1891).

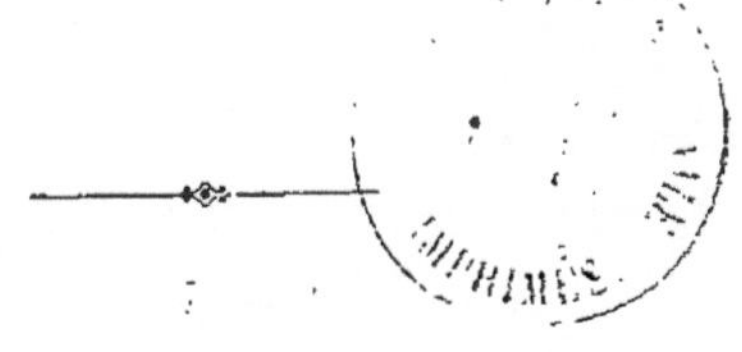

Lille. — Imprimerie Le Bigot Frères, 25, rue Nicolas-Leblanc.

9 782019 914097